AF263465

COMMUNICATION

DÉPÔT LÉGAL
141
Année 1905

FAITE A PARIS

au

CONGRÈS INTERNATIONAL DE LA TUBERCULOSE

2-7 octobre 1905

Par le Docteur CANU, de Rouen,

SUR

l'Action phagocytaire chez les Tuberculeux occasionnels et leurs descendants.

BIBLIOTHÈQUE·NATIONALE
R.F.
IMPRIMÉS

COMMUNICATION

FAITE A PARIS

AU CONGRÈS INTERNATIONAL DE LA TUBERCULOSE

(2-7 octobre 1905).

———

L'ACTION PHAGOCYTAIRE CHEZ LES TUBERCULEUX OCCASIONNELS ET LEURS DESCENDANTS

Le bacille de Koch, introduit par la respiration dans les voies pulmonaires, gagne le tissu propre du poumon et s'y fixe. Que le terrain soit faible, il s'y développe. Voilà la tuberculose déclarée. Nous connaissons son mode d'évolution.

S'il se trouve sur un tissu sain et vigoureux, le bacille est détruit rapidement ; il en est ainsi, du reste, pour toutes les bactéries.

Il est hors de doute que l'organisme possède en lui une médication naturelle qui lui permet de résister à l'infection, médication qui, dans bien des cas, est insuffisante puisque l'invasion microbienne peut se faire. L'origine de cette défense naturelle, ce sont les phagocytes. « Le phagocytisme est l'une des manifestations de la nature médicatrice, l'un des modes de l'effort naturel préservateur et curateur (1). »

Ces phagocytes, véritables gardiens de l'intégrité cellulaire, appelés encore leucocytes, sont des globules blancs du sang et de la lymphe (cellules lymphoïdes), parfois aussi des cellules fixes de certains tissus (tissu conjontif). Migrateurs, puisqu'ils passent d'un tissu dans l'autre sans être obligés de suivre la voie des vaisseaux lymphatiques ou sanguins, leur rôle, leur destinée physiologique est d'aller à la recherche des corps étrangers déposés dans les tissus et

———

(1) Bouchard, *Les Microbes pathogènes*, p. 9.

4

d'en enrayer l'action nocive. Doués de mouvements amiboïdes, ils englobent dans
leurs prolongements protoplasmiques les particules nuisibles et les font dispa-
raître dans leur masse. Parfois trop faibles pour agir seuls, ils se fusionnent et
forment les cellules géantes.

En présence des microbes, la conduite des leucocytes est la même. Mais le
microbe est un être vivant, possédant par conséquent, comme toute cellule, des
moyens de défense naturelle. Cette défense se traduit par la sécrétion d'un
poison ou toxine qui crée autour du bacille tuberculeux une zone de protection.
Avant d'atteindre le microbe, le leucocyte est obligé d'absorber ce poison. S'il
est doué d'une vitalité suffisante, il sort vainqueur de cette lutte et le microbe
est détruit. « Rapidement, les leucocytes, opérant leur diapédèse, circonscriront
et pénètreront la région envahie, s'empareront des microbes qu'ils feront dispa-
raître par digestion intracellulaire, les spores seules pouvant être capables de
résister : puis, cheminant par les voies lymphatiques, ils rentreront dans la
circulation pour y suivre leur destinée. Il n'y aura eu ni infection générale, ni
perturbation locale (1). »

Si, au contraire, les leucocytes sont faibles, le poison bactérien produit sur
eux une action paralysante qui les arrête dans leur marche, et l'ennemi qu'ils
combattent étant à l'abri, continue à proliférer et à désorganiser les tissus parce
qu'il a trouvé un terrain favorable. Ce terrain joue un rôle considérable dans le
développement des agents infectieux ; il est, en somme, sous la dépendance de
l'action leucocytaire : ce sont les leucocytes qui créent le terrain. Sont ils
vigoureux, le terrain est résistant ; sont-ils dépourvus d'énergie, il est propre à
l'infection. Ce dernier état se trouve réalisé dès que l'organisme est affaibli,
quelle qu'en soit la cause. « Il est de notion vulgaire que les individus robustes
et bien nourris sont moins souvent atteints de tuberculose que les sujets affai-
blis, débilités par les privations, les fatigues ou les maladies (2). »

Il existe deux grandes classes de tuberculeux, les tuberculeux occasionnels et
les tuberculeux héréditaires. Chez les deux, la cause de l'infection est la même :
faiblesse organique, insuffisance phagocytaire. Seule l'origine de cette insuffisance diffère.

Le tuberculeux occasionnel est en général un individu bien constitué, à char-
pente solide. Ses antécédents héréditaires ou personnels sont le plus souvent
bons. Il paraît donc étonnant à première vue que la tuberculose puisse frapper
de tels sujets. Mais l'interrogatoire du malade nous apprend qu'à un certain
moment de son existence, il s'est trouvé vivre dans des conditions d'hygiène
mauvaises : air malsain, surmenage, nourriture défectueuse. Ces conditions se

---

(1) Bouchard, *Les Microbes pathogènes,* p. 110.
(2) Strauss, *La Tuberculose et son bacille,* p. 513.

trouvent particulièrement réalisées à la caserne, d'où la fréquence des cas de tuberculose chez les jeunes soldats.

Les maladies ont aussi une action indiscutable dans le développement de la tuberculose. Elles débilitent l'organisme et lui enlèvent toute résistance à l'infection en produisant l'épuisement de la vitalité leucocytaire. Chacun sait avec quelle facilité le bacille de Koch s'installe chez les convalescents de fièvre typhoïde et de grippe en particulier.

« Ces réfractaires d'hier, ces tuberculeux de demain, ce sont tous les dépréciés, tous les déchus, tous ceux dont la lutte pour la santé excède les forces ; ce sont tous ceux qui sont, comme on dit justement, en état de misère organique....... Ce sont ceux dont la vie est faite de privations ; ce sont ceux qui vivent dans un air confiné........ Ce sont ceux encore qui vivent dans des logements ou des pays humides ....

« Les réfractaires d'hier, les tuberculeux de demain, ce seront encore ces jeunes hommes qui se fient à la vigueur de leurs vingt ans pour commettre des abus génitaux. Ce sont encore et surtout ces jeunes gens que la préparation hâtive aux écoles et les concours condamnent à des travaux intellectuels exagérés, d'autant qu'à ces travaux forcément nocturnes viennent s'ajouter maintes préoccupations morales....... ; ces jeunes gens, condamnés dans les collèges à des travaux exagérés, alors que d'une part ils se développent et grandissent, alors que d'autre part l'appétit n'est ni satisfait ni suffisamment stimulé par la variété des aliments ou par les libres jeux.......

« Cette histoire de collégiens est encore celle des convalescents de fièvres longues....... (I). »

Tous ces individus, qui deviennent occasionnellement tuberculeux, présentaient primitivement un organisme résistant. L'école, la caserne, une infection passagère, l'ont affaibli, et la tuberculose l'a frappé pendant cette période de déchéance. Mais, malgré tout, il conserve toujours quelque chose de sa résistance primitive, et l'énergie phagocytaire. bien qu'insuffisante, peut encore être constatée à l'examen microscopique des expectorations.

Envisageons maintenant la deuxième classe de tuberculeux. J'ai employé pour la désigner le mot *héréditaires*. La coutume est en effet d'appeler ainsi tous les tuberculeux dont les ascendants immédiats ont été atteints de tuberculose. Le terme est-il exact et la tuberculose est-elle vraiment héréditaire ? A cela nous répondrons : il est très rare qu'un enfant de parents tuberculeux naisse avec le bacille de Koch. Le fait s'est présenté d'une façon indéniable, mais très exceptionnellement. Et dans ce cas l'enfant meurt très rapi-

---

(1) Bouchard.

dement au bout de quelques jours ou de quelques semaines. Puisque la tuberculose frappe de préférence les individus de treize à trente-cinq ans (Leudet), il faut admettre que l'hérédité tuberculeuse se manifeste autrement que par la transmission congénitale du bacille.

Les individus atteints de tuberculose sont dans un état de déchéance organique. C'est cette déchéance qu'ils transmettent à leur progéniture. Cette constatation, Leudet l'avait déjà faite lorsqu'il écrivait : « La tuberculose pulmonaire constitue quelquefois une sélection qui frappe de mort les familles dégénérées (1). »

Il est inadmissible qu'une femme tuberculeuse, dont l'organisme est taré, puisse mettre au monde un enfant de constitution irréprochable. Cette débilité organique congénitale prédispose aux infections. Les leucocytes chez la mère sont insuffisants ; chez l'enfant, ils seront de même. Le terrain sera favorable par hérédité. « Ces bacilles contenus dans la lésion maternelle sécrètent continuellement des produits solubles prédisposants qui, déversés dans le torrent circulatoire, imprègnent le fœtus pendant toute la durée de la gestation. L'enfant vient alors au monde sans lésion, sans tare apparente, avec un bon état général, et cependant si bien imprégné de produits solubles, que son organisme offrira un terrain spécialement apte à se laisser infecter à la première occasion (2). »

« Des parents phtisiques ont de grandes chances d'engendrer des enfants faibles, délicats et vulnérables ; et cette faiblesse congénitale constitue une véritable prédisposition à la phtisie (3). »

Ici, notons en passant les expériences de Maffucci qui viennent à l'appui de notre thèse. Il inoculait des œufs avec des cultures stérilisées de tuberculose aviaire, puis les soumettait à l'incubation ; les poulets obtenus étaient cachectiques.

Si nous admettons que cette prédisposition tuberculeuse se manifeste parce que les parents ont un organisme taré, une insuffisance phagocytaire, il nous faut admettre également que cette insuffisance phagocytaire n'est pas spéciale à la tuberculose. Nous avons dit plus haut, à propos de la tuberculose acquise, que la mauvaise hygiène, les privations, les maladies, affaiblissent la résistance organique. Ajoutons ici l'alcoolisme. L'enfant qui naîtra de parents dans ces conditions héritera d'une débilité favorisant les infections sans pour cela qu'il y

---

(1) Leudet (de Rouen), LA TUBERCULOSE PULMONAIRE DANS LES FAMILLES. *Bulletin de l'Académie de Médecine*, 1885.

(2) Arloing, *Leçons sur la tuberculose et certaines septicémies*, p. 139.

(3) Strauss, *La Tuberculose et son bacille*, p. 515.

ait une ascendance tuberculeuse. « Le fait si souvent cité et si facile à constater de la tuberculose sautant une génération pour réapparaître sur le petit-fils milite plutôt en faveur d'une forme générale que d'une forme spécifique d'hérédité. Il milite aussi en faveur de la possibilité de rapporter la disposition des enfants à une maladie non tuberculeuse des parents (1). »

Il m'a été donné de constater que l'hérédité tuberculeuse pouvait se manifester dans des conditions toutes spéciales, de sorte que le fait précédent peut encore s'expliquer ainsi : les grands-parents tuberculeux ont mis au monde des enfants tarés. Ceux-ci ayant vécu dans de bonnes conditions hygiéniques, n'ont pas acquis la tuberculose malgré leur prédisposition spéciale. Ils ont eu à leur tour des enfants qui ont hérité de l'organisme taré de leurs parents. Ces enfants, eux, s'étant trouvés dans de mauvaises conditions d'hygiène, ont été frappés par la tuberculose à cause de leur résistance insuffisante.

On a coutume de rechercher l'hérédité chez les collatéraux précisément parce qu'elle peut mettre sur une voie conduisant aux grands-parents. Cette hérédité échapperait si les parents du malade paraissent indemnes de tuberculose et si la cause de la mort des grands-parents est inconnue.

Il est aussi un autre cas qui se rencontre fréquemment. Dans une famille, le père et la mère sont vivants et bien portants. Ils ont plusieurs enfants. Un certain nombre meurt de tuberculose, les autres sont en bonne santé. L'hérédité semble ne pas être en cause puisque les parents sont encore là comme témoins, et cependant elle existe. Un interrogatoire minutieux des parents révèlera qu'à une certaine époque l'un ou l'autre a été atteint de bronchite et a toussé pendant plusieurs années. Il y a eu guérison, mais pendant la maladie sont nés les enfants qui, plus tard, sont morts de tuberculose. Ceux qui sont nés avant ou après la maladie des parents sont seuls bien portants. Des faits de cette nature ramènent à l'hérédité bien des cas de tuberculose que l'on pourrait croire occasionnels. L'hérédité se transmet quelquefois de très loin. « L'alliance d'un conjoint sain ou issu d'une famille saine avec une personne tuberculeuse ou issue de tuberculeux, même pendant plusieurs générations, diminue les chances de tuberculose chez le descendant, mais ne l'éteint pas (2). »

Tout enfant engendré pendant un état pathologique d'un de ses ascendants mâle ou femelle est donc un candidat à l'infection. « Cet enfant est la conséquence de l'union intime de deux cellules, dont l'une est d'une vitalité médiocre quand elles ne sont pas toutes deux dans le même état. Les transforma-

---

(1) Wirchow, *Pathologie des tumeurs* (traduction française), t. III, p. 163.

(2) Leudet, LA TUBERCULOSE PULMONAIRE DANS LA FAMILLE. *Bulletin de l'Académie de Médecine*, 1885.

8

tions physiologiques imposées à la cellule primordiale pour donner neuf mois après un être humain, ne se font pas sans heurt. Cette cellule créatrice renferme des matériaux de qualité défectueuse qu'elle est obligée d'employer pour effectuer son évolution. Elle ressemble à un architecte qui fait des malfaçons. L'homme qu'elle édifiera ne sera pas résistant, comme la maison de l'architecte ne saurait être solide. Ce défaut de résistance organique, qui n'aurait pas existé avec un mariage cellulaire normal, constitue par excellence un stigmate d'hérédité (1). »

Afin d'obtenir des races résistantes à la fatigue et aux maladies, dans les haras et les fermes, on accouple des étalons et des juments indemnes de toute tare. Les résultats acquis sont concluants ; ils sont des leçons de choses à l'usage de ceux qui nient toute manifestation d'hérédité pathologique.

Ainsi se transmet par hérédité la débilité organique seule, l'*hérédo-prédisposition* (Arloing). « On ne naît pas tuberculeux, mais tuberculisable. C'est à peine si l'on peut citer quelques cas de fœtus ayant des tubercules, et l'enfant qui vient au monde n'en a ordinairement pas. Celui qui sera tuberculeux naît avec une faiblesse de constitution qui le prédispose au développement des tubercules (2). »

Combien d'enfants nous voyons autour de nous, dont le visage émacié, les membres longs et grêles, l'aspect chétif, indiquent un état pathologique d'un ou des ascendants. Ils font penser aux poulets de Maffucci. Souvent la phtisie apparaît comme hors de cause, et cependant, si on pouvait suivre ces enfants pendant leur existence, on verrait quel large tribut ils paient à la tuberculose pulmonaire. Il y a eu chez les parents au moment de la conception une insuffisance phagocytaire qui s'est transmise à l'enfant.

Nous concluons donc en disant que si les phagocytes d'un sujet malade ne créent pas une hérédité de la maladie dans les cellules reproductrices de l'espèce, ils y déterminent sûrement une hérédité de terrain qui se manifestera occasionnellement chez les descendants.

---

(1) Docteur Canu, *Les ions médicamenteux dans la tuberculose pulmonaire.* Rouen, 1904.

(2) Peter, *Leçons de chirurgie médicale. — Hérédité tuberculeuse*, t. II, p. 157.

DISCUSSION

SUR

La Théorie émise par M. le Professeur LANNELONGUE

M. le Docteur COMBY et M. le Docteur PIETTRE

Concernant l'Hérédité de graine et l'Hérédité de terrain.

BIBLIOTHÈQUE NATIONALE — IMPRIMÉS

DISCUSSION

sur

la théorie émise par M. le Professeur LANNELONGUE,
M. le Docteur COMBY et M. le Docteur PIETTRE (1)

Concernant l'Hérédité de graine et l'Hérédité de terrain.

Déclarer que le bacille de Koch n'est pas inoculé au fœtus, c'est nier l'hérédité tuberculeuse ; mais dire que l'enfant hérite fatalement de la morbidité de ses parents, c'est admettre la transmission congénitale de toutes les conséquences de la tuberculose, c'est affirmer cette hérédité. Nous dirons donc : tout individu tuberculeux transmet par hérédité à ses descendants un état pathologique tuberculeux latent, causé non par la présence du bacille, mais par ses produits. Cet état tuberculeux héréditaire ne se manifeste pas d'emblée aussitôt la naissance ; il apparaît à époques variables selon les conditions hygiéniques dans lesquelles se trouve le descendant. Que la tuberculose se déclare peu ou longtemps après la naissance, elle est reliée pathologiquement à une cause première, la tuberculose ou la pathologie des ascendants.

Je sais bien qu'à l'heure actuelle une théorie nouvelle tend à se faire jour, niant toute hérédité dans la tuberculose et ramenant tout à la contagion, théorie affirmée par le professeur Lannelongue et le docteur Comby et développée dans la thèse du docteur Piettre en mars 1905. Sans doute, la contagion tient le premier rang en matière de tuberculose et nul ne peut décemment admettre l'hérédité de graine ; mais quant à nier l'hérédité de terrain, c'est autre chose. Examinons donc les arguments qu'il donne : « Il nous est impossible d'admettre, dit-il, que l'organisme d'un enfant né de parents tuberculeux est saturé de

---

(1) Cette discussion ne fait pas partie de la communication.

12

toxines d'origine paternelle ou maternelle et que ces toxines mettraient tantôt
des mois, tantôt des années à révéler leur existence. Rien, d'ailleurs, ne nous
prouve l'existence de ces toxines et l'hypothèse de leur existence reste une
simple vue de l'esprit (1). »

Cependant, on ne peut nier l'existence de toxines dans le sang d'une mère
tuberculeuse. Ce serait admettre que, pour vivre, les microbes absorbent sans
jamais rien rendre, sans jamais se débarrasser des résidus de leur nutrition. Ce
serait prétendre que leurs innombrables cadavres sont imputrescibles dans le
milieu où ils séjournent, et ce serait une erreur. Or, le sang de la mère et celui
de l'enfant ne font qu'un ; dans ce cas, la présence de toxines chez ce dernier
est loin d'être une hypothèse. Je ne reviendrai pas sur leur action dont j'ai
parlé plus haut ; pour se manifester elles n'attendent qu'une occasion, l'intro-
duction du bacille. Chez un individu sain, cet ensemencement resterait stérile ;
chez un héréditaire, il donnera des tubercules.

Si l'hérédité existe du côté paternel, ce n'est pas évidemment l'imprégnation
de toxines que nous devons avoir en vue. Le spermatozoïde, la cellule généra-
trice mâle, est altéré, malade ; malgré son union avec un ovule sain, il ne donnera
qu'un produit de mauvaise qualité parce qu'il fournira des matériaux insuffisants. Il n'y a pas là de négation à apporter. Pourquoi les éleveurs choisiraient-
ils des animaux reproducteurs sans tare ?

J'ai dit précédemment que la tuberculose peut sauter une génération : « Ce
n'est guère admissible, dit le docteur Piettre. Les toxines, si elles existent,
doivent se diluer, s'affaiblir, en passant d'une génération à l'autre et la tuberculose devrait aller en décroissant. » C'est aussi mon avis, mais à la condition
que la famille entachée de tuberculose ne manifeste aucune espèce d'aggravation
pathologique et s'allie à des sujets absolument sains. S'il ne s'agissait que d'une
plus ou moins grande quantité de poisons bactériens en solution dans le
plasma-sanguin, la discussion sur l'hérédité serait bien vite close. Il ne nous faut
pas oublier les altérations cellulaires que ces poisons entraînent, altérations dont
j'ai suffisamment parlé et qui sont les véritables causes de l'hérédité tuberculeuse. Des unions successives avec des individus en bonne santé les atténuent.
Toutefois, nous voyons que, d'après Leudet, elles peuvent se faire sentir très
loin (cinquième génération). Ce ne sont plus les toxines qui sont en jeu, mais
leur effet. « Au surplus, ajoute l'auteur de la thèse qui nous occupe, comment
les parents peuvent-ils céder à leurs enfants la disposition ou la prédisposition
qu'ils n'ont pas ? car, s'ils la possèdent, pourquoi ne sont-ils pas devenus tuberculeux comme leurs enfants ? »

Simple question de milieu, ai-je déjà dit. Et nous pouvons parfois assister à

---

(1) Docteur Piettre, *Thèse,* mars 1905, chapitre III.

ceci : l'enfant malade apporte le bacille au foyer familial ; il y contagionne ses parents, mais seulement celui qui lui a transmis son hérédité, l'autre reste indemne.

Voilà bien encore une preuve de l'existence de la prédisposition. Le terrain des parents était préparé à la culture tuberculeuse, mais il est resté stérile, parce que l'occasion d'un ensemencement a fait défaut ; l'organisme des enfants, prédisposé par hérédité, a cultivé immédiatement le germe de la tuberculose dès qu'il l'a rencontré.

Quant à l'habitus spécial des tuberculeux héréditaires, le docteur Piettre le nie, se basant surtout sur ce « qu'il n'existe pas à la naissance, ni dans les premiers temps de la vie ». Je lui accorde cela, bien que ce ne soit pas toujours vrai, surtout si la mère est bacillaire. Mais, pendant la vie intra-utérine, l'organisme de l'enfant est purement passif ; rien ne semble devoir l'empêcher de se développer puisque ce sont les cellules maternelles seules qui fournissent le travail. A la naissance la situation change ; les cellules de l'enfant entrent toutes à leur tour en activité ; elles sont obligées de lutter sans cesse contre les invasions microbiennes multiples qui assiègent tout être vivant. Et là apparaît alors l'insuffisance cellulaire du tuberculeux héréditaire ; *il acquiert* cet habitus spécial à tout organisme en continuel état de souffrance parce qu'il possède une *tare congénitale*.

Et, quoi qu'en dise le docteur Piettre, pour ma part il m'est arrivé souvent de faire le diagnostic de la tuberculose des ascendants en examinant les enfants.

« Si l'on est tuberculisable, dit-il, comment pourra-t-on retarder l'éclosion du mal ?.... A quoi bon lutter ? Quoi qu'on fasse, tôt ou tard, ou la graine germera, ou le bacille pénétrera par la brèche congénitale. Tout au plus, pourra-t-on retarder l'éclosion du mal. Comme cette philosophie est décourageante ! »

Ce serait du fatalisme ; ce serait sous-entendre que la tuberculose est incurable, ce qui n'est pas. Mais, pour la discussion, supposons-la telle : en pareille occurrence le sentimentalisme ne serait pas de mise, et si les faits sont d'une réelle brutalité nous devrions les accepter comme tels.

Au surplus, ne voyons-nous pas la contagion évitée aux enfants de tuberculeux par un séjour prolongé à la campagne (c'est l'avis du docteur Piettre lui-même) ? Et combien plus décourageants les résultats du traitement actuel qui, lui, se borne à retarder la mort !

La conclusion de cette discussion est ainsi formulée :

« La phtisie des parents n'exerce aucune influence spécifique sur l'organisme du rejeton. Elle ne l'immunise pas plus contre la contamination qu'elle ne le prédispose à ses atteintes » (Mosny). Il n'y a pas d'hérédité spécifique tuberculeuse, pas même ce que Rénon appelle « hérédité de mauvais aloi ». Il y a chez certains enfants nés de tuberculeux, comme chez ceux d'alcooliques, de nerveux, etc...., une moindre résistance, par suite une réceptivité plus grande à toutes les contaminations, aux contagions tuberculeuses qu'ils trouvent dans leur entourage, comme à n'importe quelle autre infection : diphtérie, fièvres éruptives, etc. Certains d'entre eux sont des individus nés dans des conditions mauvaises de défense et, par suite, plus voués que d'autres aux contagions comme aux infections.

Je n'ai pas dit autre chose et je suis heureux de constater que, tout en niant l'hérédité de terrain, le professeur Lannelongue, ainsi que le docteur Piettre, soient amenés par les faits à admettre ce que Arloing appelle l'hérédo-prédisposition dont j'ai longuement parlé, sur laquelle, en somme, repose actuellement toute la théorie de l'hérédité tuberculeuse et dont je ramène la cause à l'insuffisance des phagocytes.

Rouen. — Imprimerie Léon Gy.

www.ingramcontent.com/pod-product-compliance
Lightning Source LLC
Chambersburg PA
CBHW050646070726
47597CB00010B/4249